AF498020

MUSÉE du LUMINAIRE
EXPOSITION
CLASSE 75
GROUPE XII
UNIVERSELLE
ENTRÉE GRATUITE
EXPOSITION CENTENNALE
ORGANISÉE PAR
Mr H. D'ALLEMAGNE
Mr FRANÇOIS CARNOT
DÉLÉGUÉ
DES
MUSÉES
CENTENNAUX

EXPOSITION MODERNE

BUREAU

M. BESNARD, Président.

M. BENGEL, Vice-Président. — M. LEBON, Rapporteur.

M. LUCHAIRE, Secrétaire. — M. AUMENNIER, Trésorier.

MEMBRES

MM. AKAR, — BOSSELUT, — DEROY, — FOURCHOTTE,
JEAN, — LACARRIÈRE, — POTRON

EXPOSITION RÉTROSPECTIVE

MM. Henry D'ALLEMAGNE, — Auguste LACOSTE,
Raymond RICHEBÉ

ARCHITECTE

M. CHANCEL, Architecte du Palais de l'Élysée.

NOTICE

SUR LE MUSÉE DU LUMINAIRE

AU VISITEUR

En présentant au public notre Musée du Luminaire, nous tenons tout d'abord à démontrer la modicité de nos prétentions et à déclarer bien nettement que ce que nous avons cherché à faire est moins un Musée à proprement parler, qu'une réunion d'objets ayant trait à l'éclairage et pouvant intéresser le public autant par le côté amusant que par le côté instructif. Nous n'avons jamais eu l'idée de former ici des séries absolument complètes et nous nous sommes contenté de donner quelques spécimens dans tous les genres.

Nous débutons par la collection des lampes gallo-romaines en terre de M. Morel, de Reims, et ces quelques spécimens nous montrent combien primitifs étaient ces petits appareils d'argile. A cette époque cependant, on cherchait déjà un mode de fabrication rapide et économique, et les lampes étaient simplement estampées dans un moule en terre cuite dont M. le chanoine Pottier, de Montauban, a eu la bonne fortune de rencontrer un spécimen dans ses fouilles à Saint-Pierre de Millau.

Pour les IXe et Xe siècles, nous pouvons présenter ces couronnes de lumières en bronze portant au centre une croix patée :

la reproduction de ces lustres primitifs se trouve dans les évangéliaires du temps de Charlemagne dont les manuscrits de nos Bibliothèques présentent quelques exemples.

Les chandeliers du XII⁰ siècle sont le plus souvent formés de ces petits animaux dont le dos supporte une colonnette où venait se fixer la chandelle de cire. Nous devons à l'obligeance de M. l'abbé Gounelle et de M. le comte Riolet de Morteuil, toute une série de ces curieux spécimens d'un art qui n'en est encore qu'à son début. Ces porte-cires affectent tantôt la forme d'un bélier aux cornes enroulées, tantôt c'est une sorte d'animal fantastique dont les larges ailes recouvrent le corps presque en entier, tandis que la queue en un savant enroulement vient former la poignée.

C'est au XII⁰ siècle aussi qu'il faut rapporter ce chandelier composé de rinceaux ajourés sur les angles duquel on voit se détacher des petites figures d'anges. Il appartient à M. Eugène Muller, curé de Saint-Leu d'Esserent.

Au XIII⁰ siècle, le souci de la décoration et la recherche de l'harmonie des couleurs ont fait un pas marqué sur l'époque précédente. Il suffit, en effet, pour s'en convaincre, de regarder ces chandeliers en émail champlevé dont la forme, d'une ligne irréprochable, vient heureusement s'allier avec des tons d'une douceur infinie. Notons en passant ces petits chandeliers de voyage qu'au temps du bon roi saint Louis on ne manquait jamais d'emporter dans les expéditions lointaines ; dans les collections de M. l'abbé Gounelle et de M. Lacoste, nous en rencontrons deux curieux spécimens particulièrement intéressants par leur décoration en émail et par les curieux détails de ciselure qu'on remarque sur les pieds.

Au XIV⁰ siècle, nous voyons un modèle de chandelier qui semble avoir été très en faveur en ce moment ; il se compose essentiellement d'une tige montée sur un plateau rond porté par

3 pieds ; sur ce thème, les fondeurs de l'époque ont donné plus ou moins carrière à leur fantaisie ; tantôt, en effet, la tige centrale est à 6 ou à 8 pans, portée sur une embase qui rappelle les piliers des cathédrales de l'époque, tantôt on transforme les pieds placés sous le plateau rond en une série d'animaux grimaçants ainsi qu'on en peut voir des spécimens provenant de la collection de M. Edmond Guérin et de M. Singher du Mans ; dans tous les cas, la base est ornée de raies concentriques exécutées par le tourneur qui, au sortir de la fonte, a monté la pièce sur le tour pour lui donner une forme bien régulière. C'est également au xive siècle qu'il faut attribuer ces gros chandeliers d'église composés de moulures qui, suivant les besoins de la cause, vont en s'élargissant pour former le pied tandis qu'autour de la bobèche elles arrivent à former des créneaux rappelant l'architecture militaire du moyen âge.

Un ornement qui est fréquemment répété sur ce genre de chandelier est une sorte de 4 feuilles, figuré d'une manière tout à fait conventionnelle par 4 trous se touchant les uns les autres.

Au xve siècle, le chandelier commun devient de plus en plus simple, c'est généralement une tige ronde unie ornée d'une ou plusieurs bagues reposant sur une base élevée et formant une sorte de cloche, c'est cette disposition qui a donné naissance à la légende des chandeliers à sonnette fabriqués par des faussaires ingénieux qui n'ont eu qu'à fixer sous la tige un grelot au moyen d'un piton soudé à l'intérieur.

Au xve siècle, on a fréquemment exécuté des chandeliers à 3 branches ; ces appareils se composent d'une tige munie d'une pointe sur lequel vient se monter une double branche portant deux bobèches dans lesquelles on plaçait de petites chandelles de cire, tandis que l'on piquait les gros cierges dans la pointe centrale. C'est à cette époque que se rapportent les magnifiques couronnes de lumière en fer forgé provenant de la collection de **M.** Hochon ; elles présentent ce détail intéressant que les premières paroles de l'Ave Maria sont découpées dans la galerie destinée à porter les cierges.

Au XVIe siècle, le chandelier revêt une forme plus architecturale ; il se compose d'une colonne unie, légèrement renflée en son milieu et terminée par un chapiteau d'ordre dorique généralement percé d'un trou rond pour faciliter l'extraction des petits morceaux de cire n'ayant pas été consumés ; les fondeurs de l'époque se sont quelquefois livrés à de curieuses fantaisies comme le témoigne ce flambeau de **M.** Hochon qui est composé d'une cariatide d'homme dont la tête est couverte d'un turban tandis qu'un large manteau enveloppe le reste du corps ainsi que les jambes qui semblent nattées.

Au XVIe siècle, on a fait également des bronzes décoratifs et particulièrement des figures de satyres tenant dans la main une bobèche où venait s'implanter la chandelle, mais ce sont là plutôt des exceptions, et nous ne nous y attarderons pas plus longtemps.

A l'époque de Louis **XIII**, la mode était aux chandeliers à base carrée, surmontée d'un fût également carré et donnant à peu près l'aspect d'une sorte de faisceau retenu de distance en distance par des liens ; c'est à la même époque que nous voyons ces chandeliers en cuivre légèrement rosé dont la tige ronde forme une espèce de tulipe qui est séparée de la base par un certain nombre d'anneaux superposés.

Au temps de Louis **XIV**, la fabrication semble avoir adopté certains modèles dont elle ne s'écarte qu'assez rarement ; le type le plus commun est le chandelier dont la tige est en forme de balustre allongé ; il est formé de trois faces plates et même un peu concaves ; chacune d'elles est généralement décorée d'une coquille contenue dans une moulure qui épouse les profils du balustre ; la base est généralement ronde, de forme surélevée et décorée de moulures avec semis de marguerites ou de quelques autres éléments de décoration en usage à cette époque.

Sous Louis XV, la fantaisie des fondeurs s'est donnée un libre cours. A cette époque, plus de règle précise, on cherche des profils contournés, des rocailles, et il semble que l'artiste,

Médaille frappée par ordre de Louis XIV en 1669
à l'occasion de l'établissement de l'éclairage public à Paris.

après avoir établi son modèle, lui a fait subir une violente torsion pour éviter toute symétrie. Il ne faudrait pas induire de là que le style Louis XV soit inférieur à ceux qui l'ont précédé ou suivi, c'est au contraire la seule époque qui eût réellement inventé quelque chose d'absolument original et, depuis, malgré toutes les tentatives qui ont été faites, on n'est encore arrivé à rien faire qui vaille ce qu'on appelle avec dédain le style rococo, témoins ces chandeliers exécutés sur les dessins de Meissonier que nous devons à l'obligeance de M. Doisteau, le bienfaiteur des musées centennaux.

Sous Louis XV, on commence à faire beaucoup plus fréquemment des girandoles à deux et à trois branches qui étaient en cuivre argenté, parce qu'étant le plus souvent destinées à éclairer les tables à manger, elles faisaient partie intégrante de l'argenterie. On peut en voir d'intéressants spécimens qui nous ont été obligeamment prêtés par Mme la comtesse de Beaupré et par M. C. Poyard.

Avec Louis XVI, les formes droites et rigides font une brusque apparition et les enroulements contournés de l'époque précédente sont complètement bannis. Les éléments de décoration que l'on rencontre encore le plus fréquemment sont les rangs de perles, les entrelacs, les feuilles d'eau qui servent généralement à décorer la base des chandeliers, les tiges sont toutes droites, décorées de canaux dans lesquels s'élèvent, jusqu'au tiers de la hauteur, de petits ornements grêles connus sous le nom d'asperges. Un excellent modèle qu'on peut considérer comme le type du chandelier Louis XVI, a été prêté par M. Duval. Pour le luminaire de grand luxe, on emploie généralement des candélabres formés d'une statue de femme tenant entre ses bras une corne d'abondance d'où s'échappent des rinceaux : les lumières sont alors cachées dans de menus bouquets de fleurs. Le magnifique candélabre de Mlle Enlart est un des plus heureux exemples de ce genre d'appareil. Quelquefois aussi c'est une statuette d'enfant tenant une rose comme dans le gracieux chandelier de M. Hedé Haüy.

A la fin du xviiie siècle, pour obtenir un effet plus varié et d'un aspect plus gai pour l'œil, on a eu recours à l'emploi de la porcelaine montée avec du bronze doré. Dans cet ordre d'idées, nous signalons ces magnifiques candélabres qui nous ont été

Le jeu n'en vaut pas la chandelle.

D'après les proverbes de Lagnet XVIIe siècle.

confiés par M. Friedel. Ils se composent d'un vase en bleu de Sèvres, orné sur les côtés de deux têtes de béliers formant les anses ; le bouquet de lumières est composé de lys dont les fleurs servent à contenir les bougies. C'est à la même époque que se rapportent ces délicats candélabres de la collection de M. Tournière-Blondeau où d'élégantes figures en biscuit de Sèvres sont montées sur une base perlée supportant les rinceaux porte-lumières.

Sous l'Empire, on utilise d'une manière presque générale la combinaison du bronze doré et du bronze vert ; les bras de lumières sont en forme de cors de chasse ; on renonce alors à l'emploi des fleurs et des feuillages pour se servir presque exclusivement de sujets inspirés, soit de l'antiquité, soit des divinités de l'ancienne Égypte.

Les modèles des candélabres du commencement de ce siècle sont innombrables, le plus souvent c'est une figure de la Victoire montée sur une boule et tenant dans ses mains les lumières ; le corps de la femme est en bronze vert et les attributs en bronze doré. Le sujet repose sur une base carrée assez élevée, ornée elle-même de bas-reliefs en bronze doré, comme dans les candélabres de M. Huguet de Chataux ou de M. Jules Salomon. Quelquefois aussi, mais d'une manière assez exceptionnelle, la figurine couronne une pyramide triangulaire ornée de délicates peintures sous verres, ainsi que nous le montrent les gracieux flambeaux à 3 lumières de Mme Camille Enlart.

Avec Charles X, nous voyons réapparaître des chandeliers admirablement dorés, il est vrai, mais dont le dessin est le plus souvent d'une monotonie désespérante, tels sont ces flambeaux par exemple dont la tige unie est entièrement recouverte d'un dessin imbriqué donnant à peu près l'apparence d'écailles de poisson ; la base est revêtue de lourds bouquets de roses qui

MUSÉE DU LUMINAIRE

sont bien loin de la grâce que nous rencontrions dans les compositions du xviiie siècle.

Caricature sur l'éclairage public, XVIIIe siècle.

Signalons encore les bougeoirs de l'époque romantique où l'on voit s'étaler, dans toute son horreur, cette sorte de renaissance de l'art gothique, on a ainsi trouvé le moyen de rendre ridicule ces belles conceptions du XIIIe au XVIe siècles que nous admirons encore aujourd'hui dans la plupart de nos cathédrales.

Caricature sur l'éclairage particulier XVIIIe siècle.

    Pour nous occuper maintenant plus spécialement de l'Exposition centennale, nous passerons rapidement en revue les différentes formes que l'on a données aux lampes à huile. Les pre-

mières que nous ayions rencontrées datent du temps de
Louis XV. En 1763, Perrier fit approuver par l'Académie des
Sciences un appareil représentant assez exactement un chandelier à deux branches dont les bougies formées de tubes en
tôle recevaient l'huile provenant d'un réservoir placé au milieu
de la tige entre les deux lumières. Un peu plus tard, au commencement de l'Empire, les lampes sont formées d'une colonne
droite et la mèche est imbibée par l'huile qui provient d'un
réservoir rond placé en arrière et au-dessus de la mèche, c'est
sur ce réservoir que vient se fixer un abat-jour en métal décoré
au vernis généralement rouge ou vert avec des ornements
rehaussés en or.

Au commencement de ce siècle, on a fait des lustres formés
de deux, trois ou quatre quinquets groupés autour d'un réservoir
de forme ovoïde d'où l'huile s'échappait pour venir humecter la
mèche de chacun des becs ; pour éviter les taches d'huile, une
légère armature en cuivre contenait un godet de cristal recevant
le trop plein de l'huile qui n'avait pu être consumée. Au-des-
sous de cet appareil, et par surcroît de précaution, se trouvait
placé un énorme plateau en verre d'un diamètre égal à celui du
lustre. M. le marquis de Fayolle nous a prêté toute une série
de ces curieux appareils qui servaient autrefois à l'éclairage
d'une salle particulière de spectacle. On a également fait à ce
moment des lampes d'applique, elle sont en forme de gaine et
terminées par une tête en plomb doré représentant soit une
femme à la luxuriante chevelure, soit un guerrier casqué. On
pourra voir dans notre Exposition deux curieux spécimens de
ces appareils qui proviennent de la collection de M. Follot et
de M. Ernest Forgeron, le décor en est d'une richesse remarquable.

La première lampe à mouvement d'horlogerie fut construite
en 1800 par Carcel et Carreau et baptisée du nom de Lycnoména.

Un peu plus tard, on fabriqua des lampes à couronnes ou lampes astrales, le réservoir à huile était contenu dans une armature placée à la hauteur de la mèche et servant de support à un réflecteur de forme semi-sphérique. Trois de ces appareils figuraient à l'Exposition de 1806, mais passèrent inaperçus aussi bien du public que du Jury. Disons encore un mot des lampes aphlogistiques ou sans flamme; dans ces appareils, la construction était combinée de façon à ne laisser voir aucun rayon droit pour obtenir ainsi une lumière complètement diffuse.

En dernier lieu, nous devons signaler l'apparition des lampes modérateur dont le mécanisme est plus simple que celui des lampes Carcel et qui les a fait préférer dans bien des cas.

Nous ne pouvons nous dispenser de parler ici des accessoires de l'éclairage, et pour commencer nous devons appeler l'attention sur la magnifique collection d'éteignoirs de M. Michon, à l'aide de laquelle on pourrait presque reconstituer l'histoire des cent dernières années. A côté d'un éteignoir en porcelaine de Sèvres couvert de fleurs et d'oiseaux qui remonte au temps de Louis XVI, nous rencontrons un autre de ces petits objets orné de papillons et d'attributs du temps de Napoléon Ier, puis c'est toute une série des uniformes de l'Empire où nous trouvons des hussards de la mort, des grenadiers, etc. ; ensuite vient une longue théorie de petits curés lisant leur bréviaire et de religieuses égrenant gravement leur chapelet ; au milieu d'eux un évêque, probablement Mgr Sibour, vient avec sa robe violette trancher violemment sur les costumes sombres des religieuses et des capucins ; à côté des éteignoirs, nous possédons la remarquable collection de mouchettes de M. Follot au moyen de laquelle on peut suivre les diverses transformations de ces curieux petits instruments depuis la fin du XVIe siècle presque jusqu'à nos jours.

C'est aussi aux accessoires de l'éclairage que nous devons rapporter cette amusante série de petits flambeaux d'oratoire qui a été réunie avec tant de goût par M. Gion, architecte.

Les briquets en forme de chien de fusil ainsi que les briquets en acier massif sont admirablement représentés par la précieuse collection de M. Le Secq des Tournelles.

C'est à la même collection que sous sommes redevable de cette extraordinaire lanterne ayant servi de crèche et que l'on voit au milieu de notre Musée du luminaire; elle porte découpée dans la galerie qui en fait le tour, l'inscription suivante : « La dite crèche faite et donnée par Charles le jeune et Marie Briault sa femme tous deux de cette dite paroisse pour laquelle on chantera tous les Dimanches et fête le *Te Deum* depuis Noël jusqu'à la purification tous les ans, tant que la dite crèche durera. 1734. »

Nous ne pouvons passer en revue ici tous les objets curieux et artistiques qui nous ont été confiés pour former cette exposition, mais nous sommes heureux de saisir cette occasion qui nous permet d'adresser à nos collaborateurs nos sincères remerciements pour la bonne grâce avec laquelle ils se sont momentanément séparés de leurs trésors afin de contribuer au succès de ces musées centennaux qui seront la gloire de l'Exposition universelle de 1900.

Henry D'Allemagne.

LISTE DES EXPOSANTS

M. l'abbé ABGRALL, collectionneur, Quimper . . . . 1 pièce.

Mme ADAM, collectionneur, Paris 3

M. BAILLY, collectionneur, Roches-sur-Rognon 9

M. BAUMGARTEN, collectionneur, Versailles 5

Mme BAZIRE, collectionneur, Paris 4

Mme la Comtesse de BEAUPRÉ, collectionneur, Paris 5

M. BESNARD, président de la classe 75, Paris 6

M. BOUWENS VAN DER BOIJEN, bibliothécaire, Paris 2

M. DE CHATAUX, collectionneur, Paris 4

M. D'ALLEMAGNE, archiviste paléographe, Paris 670

M. DOISTEAU, collectionneur, Pantin 9

M. DOLLÉANS, maison Levent, Paris 17

M. DOUCET, antiquaire, Paris 1

M. DREYFUS, antiquaire, Genève 31

M. DUPUIS, collectionneur, Auteuil 2

M. DUVAL, collectionneur, Paris 2

Mlle ENLART, collectionneur, Montreuil-sur-Mer 1

Mme Camille ENLART, collectionneur, Paris 2

M. FABIUS, antiquaire, Paris 71

Mme FALKENBURGER, antiquaire, Paris 2

M. le Marquis de FAYOLLE, collectionneur, Tocane-Saint-Apre . . 14

Mme FILSJEAN, antiquaire, Paris 9

M. FOISSEY, collectionneur, Paris 2

M. DE FOLLEVILLE, collectionneur, Paris 2

M. Follot, collectionneur, Paris. . . . . 141 pièces.

M. Forgeron, antiquaire, Paris. 47

M. Fourgeot, curé de Saint-Lothain (Jura). 1

M. Friedel, antiquaire, Paris. 28

M. Gandefroy, collectionneur, Paris. 7

M. Garery, collectionneur, Boulogne. 1

M. Gillard, collectionneur, Nogent-le-Roi. 3

M. Gion, architecte, Paris. 63

M. l'abbé Gonnelle, collectionneur, Paris.. 64

M. Grenet, collectionneur, Paris. 1

M. Guérin, Edmond, collectionneur, Paris. 26

M. Hédé-Hauy, collectionneur, Paris. 14

M. Herluison, libraire-éditeur, Orléans. 1

M. Hochon, collectionneur, Paris. 5

M. Lacarrière, collectionneur, Paris. 4

M. Lacoste, collectionneur, Autueil. 85

M. Lambertrie, lampiste, Libourne.. 2

Mme Landrin, collectionneur, Avallon.. 12

M. Pierre de Lanet, collectionneur, Prissac (Indre).. 4

M. Lecesne, collectionneur, Châteaudun. 4

M. le Comte Le Marois, collectionneur, Paris. 2

M. Le Secq des Tournelles, collectionneur, Paris. 216

M. Alix Lévy, antiquaire, Paris.. 8

M. Lex, directeur du Musée, Mâcon. 5

M. le Marquis de Malet, collectionneur, Angoulême. 1

Mme Maris-Gonge, collectienneur, Chartre-sur-Loir. 4

M. Marmuse, collectionneur, Paris.. 13

M. Mathiot, collectionneur, Paris.. 12

Mme Michelet, collectionneur, Vitry-le-Français. 2

M. Michon, antiquaire, Paris. 150

M. Morel, curé de Saint-Marcel d'Urfé (Loire). 4

M. Morel, collectionneur, Reims. 31

M. le Comte Riolet de Morteuil, collectionneur, château de Chillac-Transac (Haute-Loire). . . . . 3 pièces.

M. Eugène Muller, curé de Saint-Leu-d'Esserent (Oise). . . . 1

M. Nordmann, collectionneur, Paris. 2

M. Pigeon, collectionneur, Coutances. 3

M. Pollak, antiquaire, Paris.. 10

M. le Chanoine Pottier, collectionneur, Montauban. 7

M. Poyard, collectionneur, Paris. 2

M. Radel, architecte départemental, Albi. 17

M. Richebé, archiviste paléographe, Paris.. 4

M. Ruinet, collectionneur, Paris. 7

M. Rupin, collectionneur, Brives. 1

M. Salomon, antiquaire, Paris. 36

M. Singher, collectionneur, Le Mans. 12

M. Sommereisen, antiquaire, Paris. 4

Mme Sutter, antiquaire, Paris. 2

M. Noël Thiollier, archiviste paléographe, Saint-Etienne. . . . 2

M. Tournière-Blondeau, collectionneur, Paris. 4

M. Vinchon, collectionneur, Paris. 12

Total. . . 1964 pièces.

Chartres. — Imprimerie Durand, rue Fulbert.

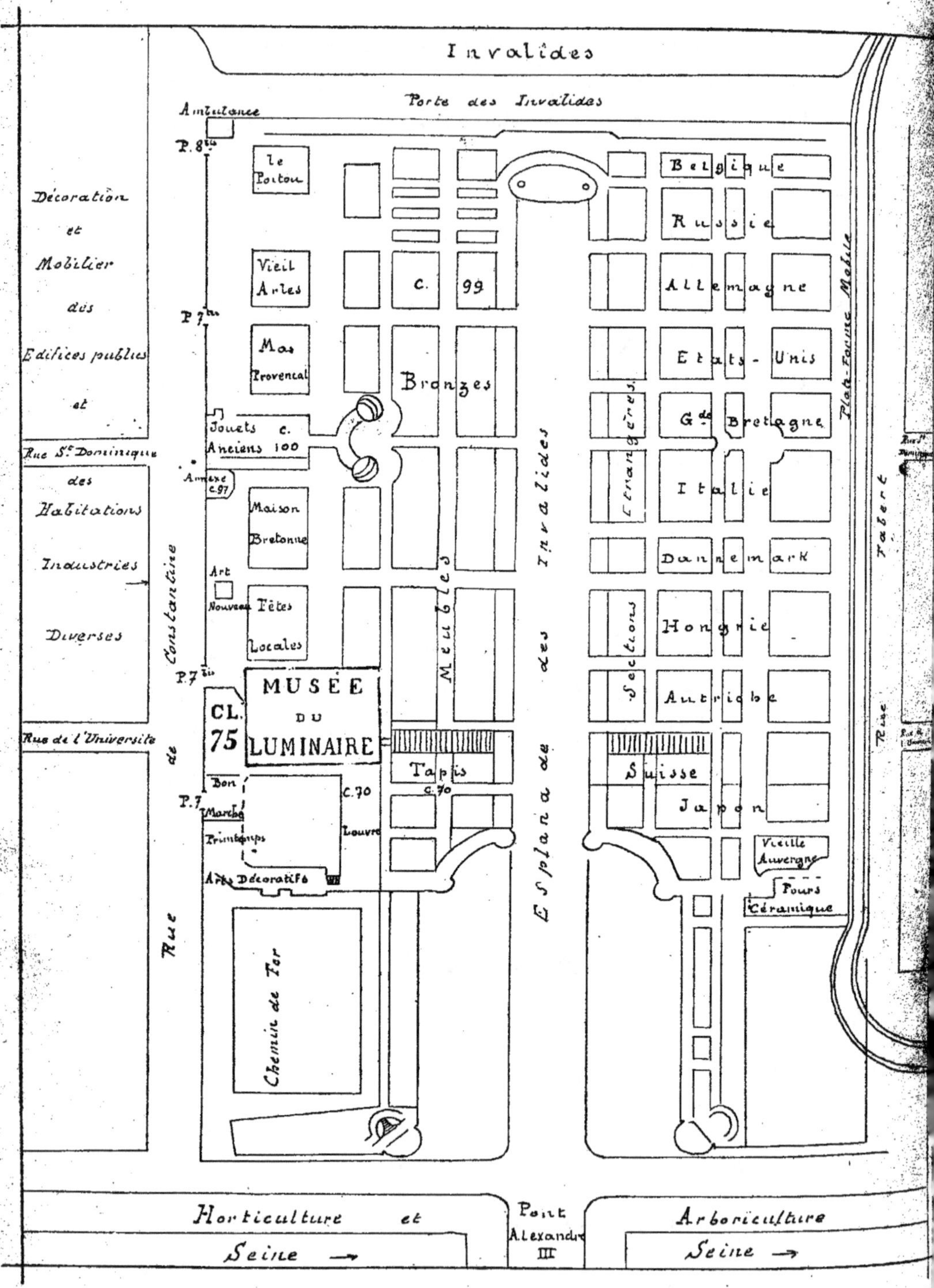

Invalides
Porte des Invalides
Ambulance
P. 8bis
le Poitou
Belgique
Russie
Décoration
et
Mobilier
des
Vieil Arles
C. 99
Allemagne
P. 7bis
Mas Provençal
Etats-Unis
Edifices publics
Bronzes
et
Jouets Anciens c. 100
G.de Bretagne
Rue St. Dominique
Annexe C.97
des
Maison Bretonne
Italie
Habitations
Industries
Art Nouveau
Fêtes Locales
Dannemark
Diverses
Hongrie
P. 7ter
MUSEE DU LUMINAIRE
CL. 75
Autriche
Rue de l'Université
Bon
C. 70
Tapis c. 70
Suisse
P. 7
Marché
Louvre
Japon
Printemps
Arts Décoratifs
Vieille Auvergne
Fours Céramique
Rue de Constantine
Platte-Forme Mobile
Rue Fabert
Esplanade des Invalides
Meubles
Sections Etrangères
Chemin de Fer
Horticulture et
Pont A. Alexandre III
Arboriculture
Seine →
Seine →